物理篇

哇，科学有故事！

光的故事

[韩]宋恩英 / 文   [韩]姜智英 / 绘   千太阳 / 译

人民东方出版传媒
People's Oriental Publishing & Media
东方出版社
The Oriental Press

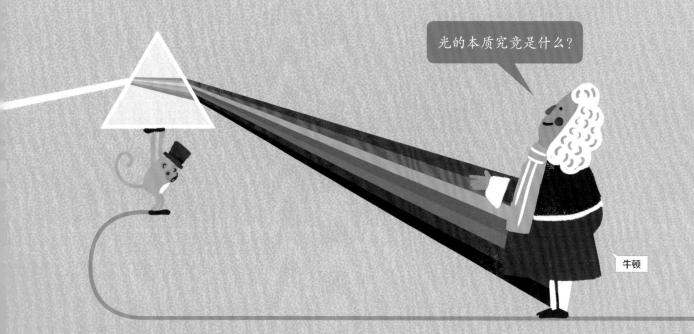

赫歇尔

世界上会不会存在
眼睛看不到的光？

光的传播方式会不会
像水纹一样？

托马斯·杨

目录

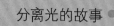

牛顿教授，听说光有七种颜色?

很久以前，人们认为光是一种纯粹的白色。但是我利用一种叫作棱镜的简单工具，证明了光其实是由七种颜色组成的。

一直以来，人们始终对光抱有浓厚的好奇心。

因为有了光，世界上才出现了光明和黑暗、温暖和寒冷。

英国物理学家艾萨克·牛顿也很好奇光的秘密，于是展开很多有关光的研究。

1670 年，牛顿正在英国剑桥大学担任一名教授。

有一天，他决定将自己发现的有关光的新知识讲给学生们听。

亚里士多德

"这个东西叫作棱镜，它是由玻璃打磨的。"

牛顿向大家展示了一块透明物体。

"只要让光通过这个棱镜，我们就能解开光的秘密。"

牛顿走到窗户边拉上了窗帘。

教室里瞬间变得一片漆黑。牛顿轻轻地拉起窗帘的一角说："我接下来要在这片窗帘上钻一个小洞。"

牛顿用锥子在窗帘上钻了一个很小的洞。一束光透过小洞照射在教室的墙壁上。

"好了，现在让我们移动棱镜，让光照进棱镜中。"

牛顿把棱镜放在桌子上，再将桌子搬到光束的下方。

通过小洞照进来的阳光光束透过棱镜，照射到墙壁上。

"大家看一下光通过棱镜后照射的地方。"

学生们望着窗户对面的墙壁，一时间惊得目瞪口呆。

"太漂亮了！"

"教授，光变成了七色彩虹。"

是的。阳光的真实模样就是七色彩虹。

听了牛顿的话，一名学生举手问道："教授，就这样断定光的颜色是七种，是否有点儿太过武断？说不定再经过一次棱镜之后，光会被分成更多的颜色呢？"

"很不错的质疑！"

说着，牛顿又拿出一块棱镜。

"那么，这次我们就尝试让光通过两个棱镜。我们只让从第一个棱镜射出的红色光通过第二个棱镜，看看会出现何种变化吧？"

"接下来，我们只让橙色光通过第二个棱镜。"
牛顿让橙色光通过了第二个棱镜。
然而，墙上只有橙色光。

黄色光也是相同的结果。

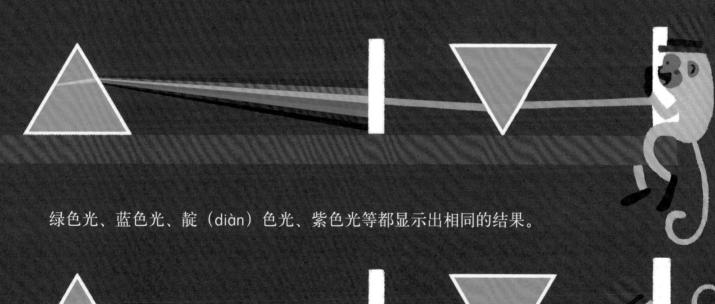

绿色光、蓝色光、靛（diàn）色光、紫色光等都显示出相同的结果。

"现在，我们可以确认这七种颜色不会再分离出其他颜色了吧？那么，是不是就可以确认光是由七色光组成的呢？"
牛顿脸上露出了微笑。

"那么现在，我们再来看一看棱镜中射出来的七色光的顺序。你们看到的是什么顺序？"牛顿问道。

"教授，它们是红、橙、黄、绿、蓝、靛、紫的顺序。"学生们望着照在墙上的颜色回答道。

"那么，我们再确认一下，它们是否一直都是这个顺序。"说罢，牛顿就拿出好几块棱镜，继续做起了实验。

即使增加了棱镜数量，颜色的顺序也没有发生改变。

光的折射率实验

先确认只有一个棱镜时，折射出的七色光的顺序。

再确认有两个以上的棱镜时，折射出的七色光的顺序。

实验结束后，牛顿对大家说："今天，我们确认了光的一些重要性质。例如，光是由七种颜色的光组成的，还有这七种光的折射率不同。这些内容很重要，希望大家能够牢记。"

下课后，学生们纷纷神采飞扬地走出教室。因为他们是世界上第一批知道光的秘密的人。

经过棱镜后，七色光的折射程度在任何时间、任何地点都是固定不变的。

七色光的顺序是红、橙、黄、绿、蓝、靛、紫。

红色光的折射程度最小。

紫色光的折射程度最大。

光

最重要的光是阳光。正是因为有了阳光，地球上才存在热和冷、白天和黑夜的区分。我们能够看见事物，也都是光的功劳。如果没有光，我们就无法知道玫瑰是红色还是蓝色，也无法知道叶子是绿色还是黄色。

光的三原色

把红色、蓝色、绿色三种颜色的灯光打开，三种颜色的光重叠的部分会呈白色。

颜色的三原色

用红色、蓝色、黄色三种颜色的蜡笔涂色，三种颜色重叠的部分会呈黑色。

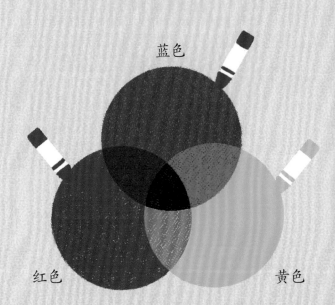

蓝色

红色

黄色

光的色散和聚合

白色光束在通过棱镜后会分散成七色光，而当这些光再次通过棱镜时，七色光就汇聚成原来的白色光来。

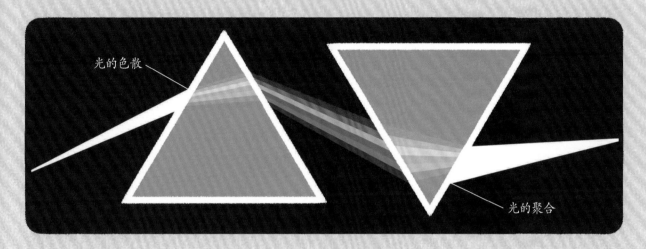

能够看到颜色的原理

当光熙射在物体上，物体会吸收一部分光，反射一部分光。被反射的光进入我们的眼中，我们就可以看到这个物体的形状，还可以看到它的颜色。

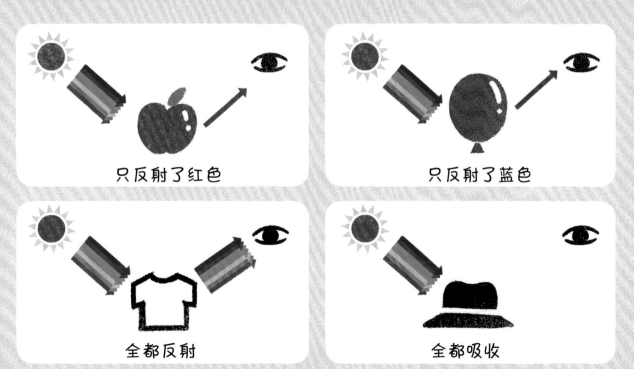

七彩螺钿的秘密

大家有没有见过鲍鱼、海螺、蛤蜊等贝类的贝壳内部呢？

光滑的白色表面是不是闪着像彩虹一样的美丽光芒？

很久以前，在中国、韩国、日本等国家，人们会把鲍鱼等贝类的贝壳中散发着漂亮光芒的部分裁切下来，做成螺钿，用来点缀各种生活用品或饰品。人们常常在上了漆的木头上粘贴螺钿进行点缀，这种工艺品被称为"螺钿漆器"。

不过，螺钿为什么能够发出那般缤纷绚丽的光芒呢？

那是因为打磨、裁剪后的螺钿中的透明部分会起到与棱镜相同的作用。因此，当光照射到螺钿上时，就会被分散成各种缤纷的颜色。

据说，一件螺钿漆器上粘贴的透明螺钿通常为数十枚，甚至是数百枚。如此多的螺钿同时发挥棱镜的作用，散发出七彩玲珑的光芒，那场景令人目眩神迷、心神荡漾。

大家一定要记住：我们能够制作出如此美丽的螺钿工艺品，都是光施加的神奇"魔法"。

朝鲜时代的螺钿漆器

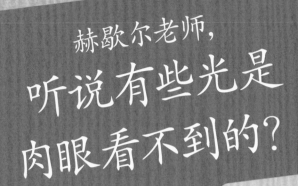

赫歇尔老师，**听说有些光是肉眼看不到的？**

　　我是一名用天体望远镜观察夜空的天文学家。我曾怀疑过七色光的温度是否存在一定的差异。为了找到答案，我在做实验的过程中，无意间发现了一种看不见的神奇光线。

德国天文学家威廉·赫歇尔出生于 1738 年。受到音乐家父亲的影响，长大后，他也成了一名管风琴演奏家。然而在 30 岁之后，他渐渐地对天文学产生了浓厚的兴趣。

他亲自制作了天文望远镜，一有时间就观察夜空。其间，他的妹妹卡罗琳为他提供了很多帮助。他们二人一起潜心研究，最终取得巨大的成就。

天卫三

天卫四

他们找出800多对双星。双星实际上由两
颗星星组成，但由于离得太远，所以看起
来像是一颗星星。

他们发现两颗绕着天王星轨道运转的
卫星，分别将它们命名为天卫三和天
卫四。

他们认为银河系是扁平的薄饼形状。
这与当今科学家所证实的椭圆盘形很
相近。

他们制造出高性能天文望远镜。这种
望远镜非常大，需要借助梯子才能爬
上去观看。

他们观测到无数星云，并证实其中大部分
星云都位于其他星系。

赫歇尔的研究让我们明白，宇宙中并非只有
银河系，宇宙比我们想象的还要广阔。

赫歇尔对天文学的热情渐渐地延续到对太阳的研究上。

赫歇尔很想观测太阳上的黑色斑点。

但太阳光太强烈了。若是直接用肉眼观察，很可能会损伤视力。为此，他决定给天文望远镜套上彩色滤镜。

"今天就用各种颜色的滤镜观察一下太阳吧。"

赫歇尔和卡罗琳分别给望远镜套上了红色、黄色、绿色、蓝色等彩色的滤镜，并对太阳进行了一系列观察。

途中，他们遇到了十分神奇的一幕。

接着，卡罗琳也跟赫歇尔一样，不断地更换滤镜，对太阳进行了观察。

　　赫歇尔认为是组成阳光的七色光拥有不同的温度，因此被滤镜过滤后，眼睛所感受到的温度才会出现差异。

赫歇尔和卡罗琳也像牛顿那样拉上窗帘，然后在窗帘上钻了一个小洞。

当小洞中照射进来的阳光光束通过棱镜后，墙上立即出现了像彩虹一样的七色光。

赫歇尔走到墙边，用温度计依次给每种颜色的光测量了温度。

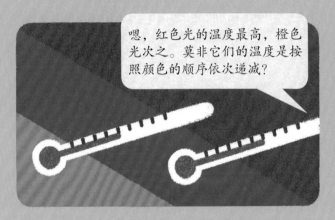

卡罗琳也把温度计伸进红色光区域。

可能是由于室内太过昏暗，卡罗琳不小心把温度计放在红色光的外侧。

而当卡罗琳发现自己的失误，准备拿走温度计时，赫歇尔急忙阻止了她。

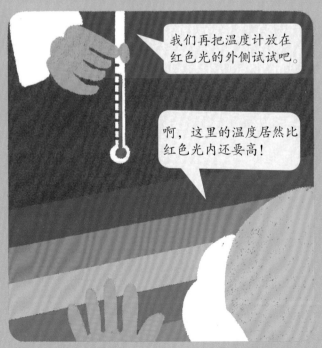

卡罗琳一脸惊讶地向赫歇尔问
道：“哥哥，这到底是怎么回事？”
　　“红色光的外侧肯定还存在我们无法看
到的光线。温度的上升就能够说明这一点。”
　　“看来我们发现了一件了不起的事呀！”
　　赫歇尔和卡罗琳望着彼此，开心地笑了起来。
　　由于他们发现的光位于红色光的外侧，所以他们将它命
名为“红外线”。

赫歇尔发现红外线的消息很快就传遍了欧洲各国。

德国物理学家约翰·里特听到这个传闻后，心中突然生出了这样的想法：紫色光的外侧会不会也存在无法用肉眼看到的光线呢？

里特决定用一种叫氯化银的物质做一下实验。

因为氯化银对光线非常敏感，它在被光线照射后会迅速转变为黑色。

而氯化银变黑的程度会以红色光到紫色光的顺序依次递增。

里特决定用紫色光和紫色光外侧有可能存在的光线照一照氯化银。

里特的紫外线实验

阳光通过棱镜后，让其中的紫色光照射在氯化银上。

阳光通过棱镜后，让紫色光外侧照射在氯化银上。

实验结束后，经过紫色光外侧照射的氯化银变得更黑。

这说明紫色光的外侧的确存在着肉眼看不见的光线。

最终，这种光线被命名为"紫外线"。

从此，人们便知道除了肉眼能看到的七种光之外，世界上还存在其他肉眼看不见的、性质完全不同的光。

多亏了赫歇尔和里特的发现，我们才朝了解光的本质又迈出了一步。

氯化银变黑了。

氯化银变得更黑了。

用紫色光的外侧照射氯化银后，氯化银变得更黑，说明那里存在我们用眼睛看不到的光线！

21

红外线和紫外线

阳光通过棱镜可以看到的七色光是"肉眼可以看到的光线"，所以被人们称为"可见光"。另外，在红色光的外侧有一种叫作"红外线"的光；而在可见光的紫色光外侧则有一种叫作"紫外线"的光。这两种光虽然无法用肉眼看见，但由于其特殊的性质，经常被运用在日常生活中。

阳光的构成

在能够到达地表的阳光中，占据比例最大的是红外线，然后是可见光，而紫外线只占很小的比例。不过，根据天气情况、测量位置等因素变化，这些光线在阳光中的比例会发生变化。

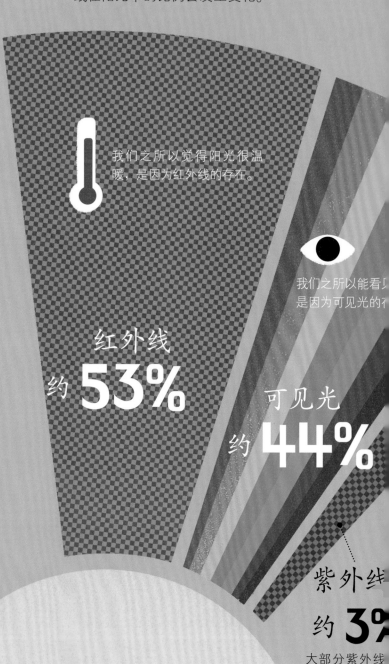

我们之所以觉得阳光很温暖，是因为红外线的存在。

我们之所以能看见，是因为可见光的存在

红外线 约 **53%**

可见光 约 **44%**

紫外线 约 **3%**

大部分紫外线被大气层上空的臭氧层吸收了，所以比例很小。

红外线的特征

红外线具有提升温度的作用，因此也被称为"热射线"。日常生活中，我们往往会利用红外线的这一特点加热食物，或治疗疾病。

可以烹饪食物的红外线料理机

医院里使用的红外线治疗仪

紫外线的特征

紫外线有非常强的化学作用，因此又有"化学射线"之称。这种光线不但可以杀死部分微生物，还能让物体表面褪色。另外，它还能晒黑我们的皮肤，甚至会引发皮肤癌。

用来给器皿消毒的紫外线消毒机

阻挡紫外线的太阳镜和防晒霜

能看到不可见光的动物们

人看不到红外线和紫外线，那动物们呢？

蛇可以看到红外线。我们说过红外线是一种可以释放热量的光线。蛇寻找猎物并不是靠眼睛，而是通过感知热量。蛇眼睛下方的小洞里有一种神经细胞可以感知红外线。也就是说，蛇天生就装备着红外线摄像机。

生活在北极的北极熊，毛发是白色的，它们一旦躲在白色的冰雪中，将很难被猎物发觉。猎物放松警惕，就很容易被北极熊捕获。不过，北极的驯鹿却是个例外，它们可以看见紫外线。因此，即使北极熊躲在冰雪中，也能被驯鹿一眼看穿。

据说，除了驯鹿之外，狗、猫、白貂、刺猬等都可以看到紫外线。另外，老鼠和兔子也能利用紫外线来追踪小便的痕迹。

此外，蜜蜂和一些昆虫也可以看到紫外线。它们平时就是通过紫外线来分辨植物的花和形状，从而找到自己想要的花蜜。怎么样？你是不是也很好奇动物眼中的世界是什么样子的？

用紫外线相机拍摄的花

托马斯·杨老师，
**听说光会像水纹
一样传播？**

之前，人们认为光是一种微粒。但是我却认为光会像水纹一样传播。如果不是这样，那很多现象根本无法解释。

1773 年，物理学家托马斯·杨出生在英国一个非常严厉的家庭。

大人们经常教育他：跳舞、唱歌是坏孩子才做的事情。

因此，他很自然地将所有精力都投入到学习当中。

托马斯·杨从小就表现出与众不同的才华。

他两岁识字，四岁读过两遍《圣经》，六岁学会拉丁语，10 岁学会希腊语，12 岁学会法语，14 岁学会意大利语，16 岁能够用德语进行读写。

受到舅舅的影响，托马斯·杨长大后成了一名医生。他虽然喜欢救治病人，但其实对研究眼睛更感兴趣。

作为一名医生，托马斯·杨发现了眼睛的很多功能。
另外，在研究眼睛的过程中，他自然而然地对光产生了兴趣。

在当时，人们认为光的本质是一种微粒。

就连发现白光是由七种颜色的光组成的牛顿也是其中一员。

由于牛顿是一位具有丰功伟绩的科学家，所以从未有人敢怀疑牛顿的观点。

但托马斯·杨却暗暗对牛顿的观点产生了质疑。

"光会不会是一种像水纹一样的波，而并非一些微小的粒子？"

托马斯·杨的实验

假如光是一种像球一样的粒子

④ 球不会在中间相混或相遇。

③ 有些球撞到左边的墙壁上。

② 有些球撞到右边的墙壁上。

① 将球朝两个长条形小洞后的墙壁扔过去。

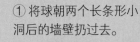

假如光是一种像
水纹一样的波

③ 两路波纹在中间相遇，会
形成独特的纹路。

② 会产生波动，而且
画着圆圈向外扩散。

① 让水经过有两个长条形
小洞的墙壁。

1803 年，托马斯·杨进行了一个实验，他让光从两块有小洞的板子中间通过。

结果与水通过小洞的实验一样，光同样画着奇特的纹路朝远处散开。

"如果光是粒子，那绝不可能出现这种结果。光的传播肯定像水纹一样呈波形。"

经过多次实验后，托马斯·杨终于下定结论。

光通过小洞时呈现的纹路与水通过小洞时呈现的纹路完全相同，因此光是一种波。

最终，托马斯·杨在伦敦皇家学会讲堂里发表了自己的观点。
但是在座的人纷纷表示这很"荒唐"，甚至对他进行了指责。

这一天，托马斯·杨虽然道出了真相，心灵却受到了创伤。
演讲结束后，一些杂志也纷纷刊登文章来讽刺托马斯·杨。

自那天以后，托马斯·杨完全放弃了对光的研究。
据说，后来他一边救治病人，一边利用闲暇时间研究考古学，平淡地度过了余生。

不过，托马斯·杨事件结束后，对于光的传播方式，人们并没有在短期内得出什么有用的结论。

因为光有时会像托马斯·杨所说的那样，像水纹一样传播；有时又会像牛顿说的那样，像粒子一样传播。

到了 1905 年，天才物理学家爱因斯坦下定结论："光既有粒子的性质，也有波的性质。"

直到这时，困扰着无数科学家的光的秘密才真正被揭开。

光的传播

我们之所以能够看到物体，是因为光在传播的过程中与物体发生碰撞，再反射到我们的眼睛里。光有时会向前直射；有时会在遇到障碍物后被反射；甚至，有时还会被折射发生弯曲。

光的直射

光沿着直线传播的性质，我们称为"光的直射"。由于光是直射的，所以遇到障碍物时，光照射不到的地方就会产生影子。

光照射不到的地方

影子的方向和长度

影子往往出现在光源方向的反方向。光的位置越高，影子就越短；位置越低，影子就越长。

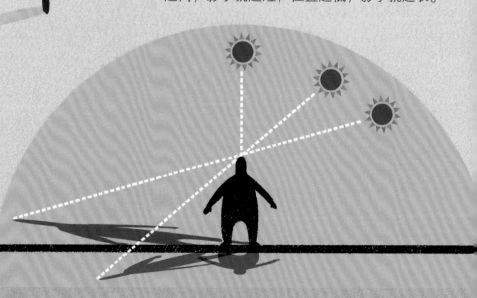

光的反射

光射到物体表面后改变方向传播的现象，我们称为"光的反射"。由于光会按照一定的角度反射出来，所以我们才能看到镜子中自己的像。

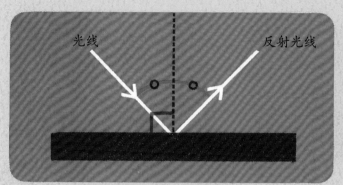

光线　　　　　　　反射光线

光的折射

从空气中直射过来的光线进入其他物质时，传播方向会发生改变，我们称这种现象为"光的折射"。插在水杯中的吸管，看着像被折断了，水中的鱼显得离水面很近，这些现象，均是由光的折射造成的。

空气

水

空气

发生偏折的光

水

我们的眼睛看到的位置

鱼本来的位置

万花筒的由来

　　镜面相对竖立两面镜子，然后站在两面镜子的中间，你就会发现A镜子中有B镜子，而里面的B镜子里面又有A镜子，如此无限重复下去。之所以会出现这种情况，是因为两面镜子会不断地将对方"反射"出去。单单两面相对而立的镜子就能展现出如此奇妙的景象，如果再加一面镜子，会出现什么有趣的现象呢？

　　1816年，英国一位叫布鲁斯特的人在一个圆筒中放置了三面镜子，并将它们摆成三棱柱的形态，然后用半透明的玻璃挡住里面的一头，又在圆筒中放入五颜六色的纸片和珠子。如此一来，当人们向圆筒中望去时，里面的三面镜子就会分别"反射"其他两面镜子中的像，从而形成五花八门的漂亮图像。此时，如果转动圆筒，里面的图像会变得更加绚丽多彩。这就是最初的万花筒，即可以展现一万种漂亮图案的圆筒。

　　如今，万花筒不仅是一种呈现光的反射现象的神奇工具，还是备受大众喜爱的一种玩具。另外，只凭几种简单的装置，就可以不断制造出各种神奇的图案和色彩，所以不少艺术家和摄影师们都喜欢利用万花筒内的图案特点来进行一些创作。

万花筒内的花朵
照片

光是否还隐藏着其他的秘密?

从很久以前开始,光就陪伴在我们身边。但正是由于光的存在太过理所当然,所以我们在很长一段时间里都不曾了解过光。揭开光的秘密也只不过是近百年间的事情。然而我们真的了解光的一切吗?光是否还隐藏着不为人知的其他秘密呢?

1666年

牛顿分离光的实验

牛顿发现光在通过棱镜后就会分成像彩虹一样的七色光。

 1800年

发现红外线

赫歇尔发现在红色光外侧存在一种肉眼看不到的光——红外线。

1801年

发现紫外线

里特发现在紫色光外侧存在一种肉眼看不到的光——紫外线。

 标记的部分是正文中出现的内容。

1803年

发现光的波动性

托马斯·杨通过实验发现光的传播像水纹一样呈波形。

1905年

发表光的波粒二象性

爱因斯坦解释了光的波动性和粒子性，从而对一直以来备受争议的光的本质问题下了定论。

现在

宇宙中存在一种叫作类星体的神秘天体。类星体会像太阳一样释放出明亮的光。2015年初，中国科学家发现了一颗非常明亮的类星体，它的亮度是太阳的420万亿倍，距离地球有128亿光年远。也不知到什么时候，我们才能真正揭开类星体的神秘面纱。

图字：01-2019-6046

图书在版编目（CIP）数据

光的故事 /（韩）宋恩英文；（韩）姜智英绘；千太阳译 . —北京：东方出版社，2020.12
（哇，科学有故事！. 物理化学篇）
ISBN 978-7-5207-1482-2

Ⅰ . ①光… Ⅱ . ①宋… ②姜… ③千… Ⅲ . ①光学—青少年读物 Ⅳ . ① O43-49

中国版本图书馆 CIP 数据核字（2020）第 038673 号

哇，科学有故事！物理篇·光的故事
（WA，KEXUE YOU GUSHI! WULIPIAN·GUANG DE GUSHI）
作　　者：［韩］宋恩英 / 文　［韩］姜智英 / 绘
译　　者：千太阳

策划编辑：鲁艳芳　杨朝霞
责任编辑：金　琪　杨朝霞
出　　版：东方出版社
发　　行：人民东方出版传媒有限公司
地　　址：北京市东城区朝阳门内大街166号
邮　　编：100010
印　　刷：北京彩和坊印刷有限公司
版　　次：2020年12月第1版
印　　次：2024年11月北京第4次印刷
开　　本：820毫米×950毫米　1/12
印　　张：4
字　　数：20千字
书　　号：ISBN 978-7-5207-1482-2
定　　价：256.00元（全10册）
发行电话：（010）85924663　85924644　85924641

文字 [韩] 宋恩英

　　出生于首尔，毕业于高丽大学物理学专业，取得原子核物理学硕士学位。曾荣获第17届韩国科学技术图书奖。主要作品有《俗语中隐藏的数学》《风先生迷上了科学》等。

插图 [韩] 姜智英

　　毕业于视觉设计专业，曾做过平面设计工作。如今，喜欢上绘本创作，正积极学习绘画和创作绘本。梦想是能与全世界的人一起分享自己创作的有趣绘画故事。

哇，科学有故事！（全33册）

扫一扫
看视频，学科学